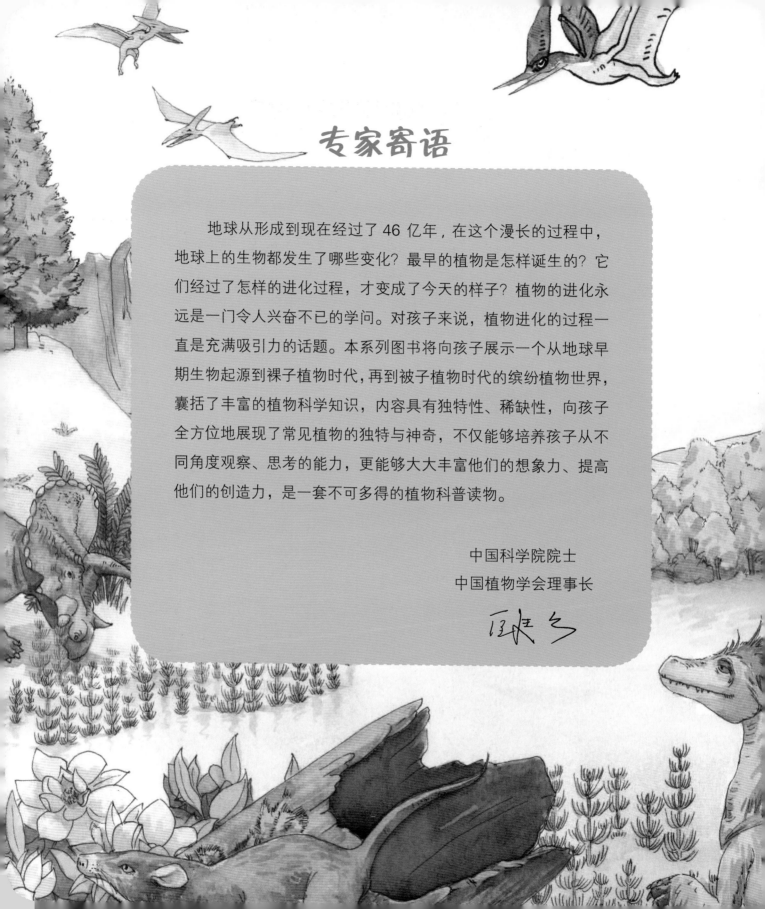

专家寄语

  地球从形成到现在经过了 46 亿年，在这个漫长的过程中，地球上的生物都发生了哪些变化？最早的植物是怎样诞生的？它们经过了怎样的进化过程，才变成了今天的样子？植物的进化永远是一门令人兴奋不已的学问。对孩子来说，植物进化的过程一直是充满吸引力的话题。本系列图书将向孩子展示一个从地球早期生物起源到裸子植物时代，再到被子植物时代的缤纷植物世界，囊括了丰富的植物科学知识，内容具有独特性、稀缺性，向孩子全方位地展现了常见植物的独特与神奇，不仅能够培养孩子从不同角度观察、思考的能力，更能够大大丰富他们的想象力、提高他们的创造力，是一套不可多得的植物科普读物。

中国科学院院士
中国植物学会理事长

植物进化史

裸子植物的崛起

匡廷云 郭红卫 ◎编
吕忠平 谢清霞 ◎绘

吉林出版集团股份有限公司丨全国百佳图书出版单位

地质年代与生物演化阶段表

约 46 亿年前

泥盆纪

4 亿 1000 万年前

志留纪

4 亿 4300 万年前

奥陶纪

4 亿 9000 万年前

寒武纪

震旦纪

6 亿 8000 万年前

5 亿 4300 万年前

150 亿年前，宇宙诞生了，地球作为宇宙中的一颗行星，起源于约 46 亿年以前的原始太阳星云。从地球诞生到地球生命的出现，这期间经历了几十亿年的大演变。

石炭纪

3亿5400万年前

2亿9000万年前

二叠纪

2亿4800万年前

三叠纪

2亿600万年前

侏罗纪

1亿3700万年前

第四纪

258万年前

新近纪

2330万年前

古近纪

6500万年前

白垩纪

在258万年前的第四纪，地球生物界的面貌已接近于近现代。哺乳动物的进化相当惊人，人类的出现也成为第四纪最重要的标志。

目 录

古老的木本植物
2

二叠纪落幕
6

三叠纪早期生态复苏
8

裸子植物开始繁盛
12

侏罗纪新生植物
16

不断演化的裸子植物
22

恐龙大灭绝前都吃些什么?
33

迈入新生代
34

你可能不知道的真相
38

这棵树的年轮有 50 多圈呢。

你们知道树的年轮是怎么形成的吗?

好像……不知道。

嗯……

你们凑近点,仔细看看树干的结构。

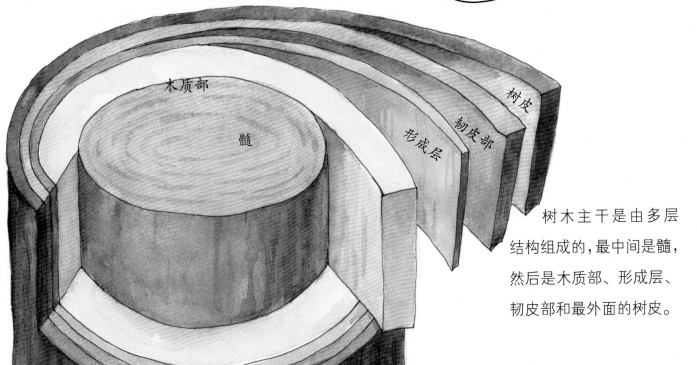

木质部

髓

形成层

韧皮部

树皮

树木主干是由多层结构组成的,最中间是髓,然后是木质部、形成层、韧皮部和最外面的树皮。

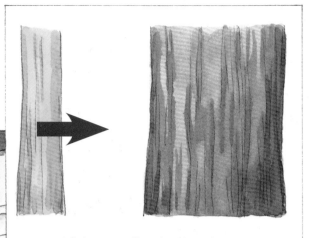

树木的形成层细胞不断分裂，形成新细胞，向内生成新的木质部，向外生成新的韧皮部。正是由于形成层的活跃，树木才会越长越粗。

秋冬季寒冷干燥，形成层分裂出的细胞比较小，它们挤得紧紧的，质地也更密，木头颜色就比较深。

秋冬季形成层细胞 ——

春夏季形成层细胞

春夏季气候温暖、降雨多，形成层分裂出很多大个儿新细胞，木质就显得松软，颜色也淡。

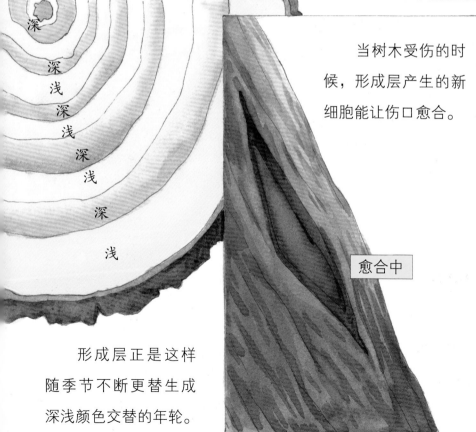

深
深浅
深浅
深浅
深浅
浅

形成层正是这样随季节不断更替生成深浅颜色交替的年轮。

当树木受伤的时候，形成层产生的新细胞能让伤口愈合。

愈合中

没开花的杜鹃

灌木的茎也有这样的结构。我们把有坚硬木质茎干的植物统称为木本植物。

竹子是木本植物吗?

不，竹子是草本植物。

竹子的茎是中空的

竹子通常是成片生长的，是世界上生长最快的植物。

古羊齿类是目前已知最早的真正意义上的"树"，它们出现在泥盆纪的晚期。

古羊齿类的后代中出现了科达树。它们有的低矮，生长在沼泽中；有的十分高大，生长在干旱的土地上。

舌羊齿

接下来，我们将要认识的这些植物，大多数都是木本植物，其中有一类就起源于科达目。

科达树

二叠纪落幕

距今约 2.5 亿年前二叠纪结束前，地球经历了历史上最严重的生物灭绝事件，大规模的火山爆发持续不断，大气变得又干又热，酸雨落入海洋，海洋生物的生存环境遭到严重破坏，陆地上的植物因为受到酸雨侵蚀而枯萎，动物也因为缺少氧气和食物而纷纷死亡。

瓦契杉

疲惫的盘龙目动物

种子蕨

鳞木

科达树

水龙兽

在恶劣的生态环境下，仅有约 10% 的生命幸存下来，二叠纪落幕时，地球上一片荒凉死寂。原本生长在沼泽中的植物因为干旱而几乎完全消失，曾经繁盛的科达树和种子蕨也严重衰退。

舌羊齿

鳞木

科达树

死去的狼蜥兽

苏铁

鳞木

木贼

木贼

7

三叠纪早期生态复苏

舌羊齿

鳞杉

假伏脂杉

银杏

鳞杉

假鳞木

水龙兽

沼泽泥

约 2.51 亿年前的三叠纪初期，地球气候炎热干旱，大气中含氧量低。肋木（假鳞木）遍布世界，森林只生长在非常有限的地区。沼泽中生长着矮小的木贼和新芦木，更干燥的区域生长着种子蕨、树蕨，还有早期针叶树和银杏。在这里活动的草食动物体形也不大，以它们为食的肉食动物则很耐饥饿。

舌羊齿

银杏

树蕨

板龙

拟木贼

拟丹尼蕨

苏铁

蕉羽叶

木贼

本内苏铁

植龙

始盗龙

苏铁

10

翼龙

银杏

种子蕨

假伏脂杉

科达树

瓦契杉

水龙兽

木贼

蕉羽叶

本内苏铁

有角鳄

裸子植物开始繁盛

最古老的裸子植物是泥盆纪晚期出现的种子蕨类，它们的叶子上挂着一粒一粒的孢子囊。到了三叠纪时期，裸子植物种类不断增多，数量变得庞大。

裸子植物这个名称源自希腊语，原意是"裸露的种子"，因为裸子植物的大孢子囊外围没有外壁保护，因此得名。

舌羊齿

舌羊齿是一类叶子形状像羊舌头的种子蕨类植物，喜欢生长在水源充足的地方，天气变冷的时候树叶会脱落。二叠纪、三叠纪时期，舌羊齿随处可见。侏罗纪早期，舌羊齿已是罕见，后来便消失在历史中。

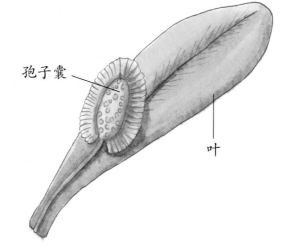

孢子囊

叶

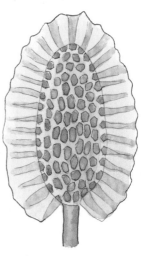

种子

苏铁是一种典型的裸子植物，它出现于石炭纪，而在三叠纪时期，在温暖干燥的环境下，苏铁繁茂地生长，成为具有优势的物种。苏铁的种子会令人误以为是果实，但它们的外面其实并没有被子植物果实那样的包被。

本内苏铁由种子蕨植物进化而来，是目前已知的最古老的雌雄同株的植物，叶子集中生长在树干顶端，后来的许多植物都采取了这样的策略。只可惜本内苏铁却没能挺过沧海桑田的变迁。苏铁与本内苏铁乍一看外形很容易混淆，但是"开花"的时候就不会将它们认错了。

威氏苏铁

一种长得像小树的本内苏铁，开着醒目的"大花朵"，但那其实并不是真正的花。

蕉羽叶

一种苏铁，树干粗短，叶子像芭蕉叶。

从二叠纪开始就有银杏类植物出现，它们是少数逃过大灭绝的植物。虽然现存的银杏只有一种，但在三叠纪时期银杏种类繁多。银杏生长的地方通常气候比较温和。银杏类有着裸子植物中最为独特的叶子形态，现代银杏的叶子像一把裂了小口子的扇子，而三叠纪的银杏叶片有多条深深的裂片。

楔裂银杏

楔裂银杏的每个裂片都有尖角，像楔子。

西伯利亚银杏

西伯利亚银杏和楔裂银杏的叶片都分裂成小手掌的样子。

裂银杏

裂银杏又叫拜拉，叶片有许多双叉式分裂，每个裂片都很细，但整片叶形和现代银杏相似，像把小扇子。

虽然叶子的长相和现在不太相同，但细微的表皮结构却差不多。

针叶植物的一种——瓦契杉，是在石炭纪出现的。在三叠纪时期，针叶植物已经有更多种类。它们适应力很强，分布在各种地域。在热带，它们的分布比较零散，除此之外都能成片地长成茂密的针叶林。

假伏脂杉枝叶

瓦契杉

假伏脂杉

侏罗纪新生植物

三叠纪末期，约 2.01 亿年前，由于地球气候恶化，一大批物种灭绝，而新兴物种逐渐增多。随着侏罗纪的来临，泛大陆开始逐渐分裂，形成劳亚大陆（在北半球）和冈瓦纳大陆（在南半球）。

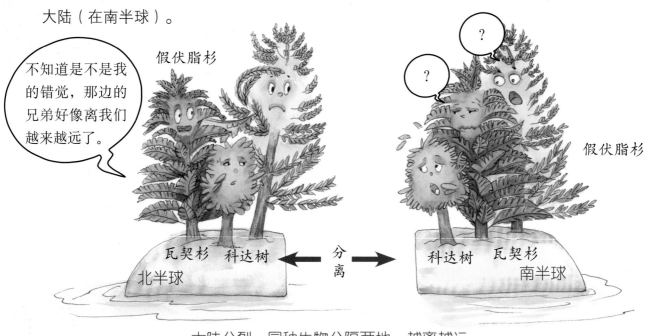

不知道是不是我的错觉，那边的兄弟好像离我们越来越远了。

假伏脂杉

假伏脂杉

瓦契杉　科达树
北半球

分离

科达树　瓦契杉
南半球

大陆分裂，同种生物分隔两地，越离越远

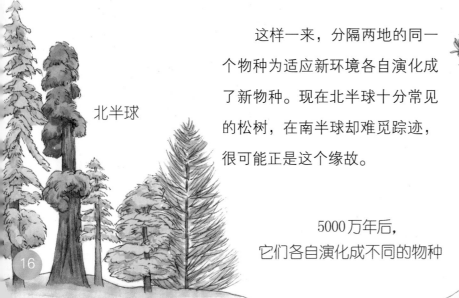

北半球

这样一来，分隔两地的同一个物种为适应新环境各自演化成了新物种。现在北半球十分常见的松树，在南半球却难觅踪迹，很可能正是这个缘故。

南半球

5000 万年后，
它们各自演化成不同的物种

16

如今喜欢热带的苏铁植物那时居然也能聚集在北冰洋边上，如今喜欢温带气候的银杏和针叶树那时竟然出现在极地，足以证明侏罗纪是一个非常温暖的时期。

侏罗纪时期
的植物化石

侏罗纪时期的植物变得更加多样，为了适应陆地上各种不同的生态系统，植物的叶子不断改变着形态。

古生物学家通过研究侏罗纪时期的植物化石得知当时的气候状况：那是一个温暖平静的时期，地球的两极没有巨大的冰盖，陆地大部分地区为热带、温带气候，植物生长速度比现代快很多，随处可见参天巨树。当时繁盛的森林植被，形成了如今丰富的煤炭资源。

侏罗纪中晚期植物种类繁多，温带和热带植物最为多样，就连极地也生长着针叶植物和银杏。

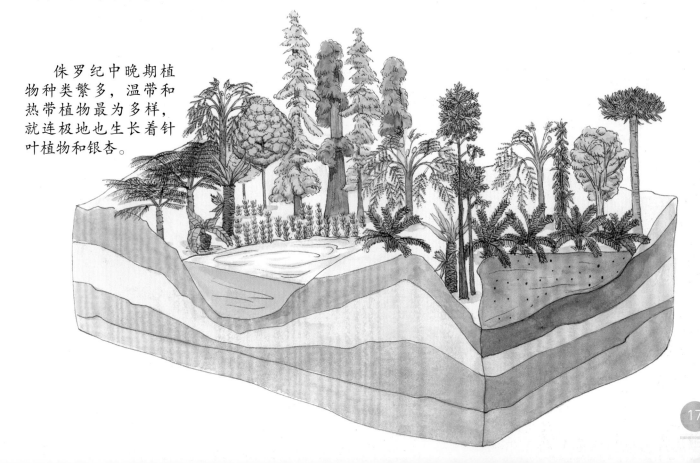

异特龙

双型齿翼龙

始祖鸟

树蕨

河水

楔裂银杏

威氏苏铁

蕉羽叶

摩根锥齿兽

拟苏铁

双型齿翼龙

侏罗纪时期，南半球大地上四处都是欣欣向荣的裸子植物，巨大的蜥脚类恐龙缓慢地迈着脚步，食肉恐龙在树荫的掩护下悄悄接近猎物，最原始的哺乳动物小心地躲避着危险。

舌羊齿

贝壳杉

迷惑龙

剑龙

腕龙

纤苏铁

美颌龙

19

红杉

冷杉

无齿翼龙

水杉

禽龙

鸭嘴龙

金钱松

甲龙

三角龙

拟查米亚

木兰

阿法齿负鼠

羽蛇神翼龙

银杏

霸王龙

约 1.45 亿年前，地球进入白垩纪时期，气候依然温暖，大陆被海洋分开，分裂成现在的各个大陆，但是它们和现在的位置完全不相同。

白垩纪时期针叶树的种类越来越多，各种松、柏、杉区别明显，分类已经非常接近现代。在湿地中，一些植物悄悄开出了世界上最早的花朵。没过多久，开花就成了植物中的一股"潮流"。裸子植物的优势地位迅速被取代，其中一些曾繁盛一时的古老类群逐渐灭绝了。

威氏苏铁

恐爪龙

拟苏铁

21

不断演化的 裸子植物

针叶树

    从古羊齿演化出科达，再演化出各种伏脂杉，松柏植物的演化轨迹似乎已经能很清晰了。到了侏罗纪，这个家族中的植物更加多样，分类明显，数量极多，分布极广，在植物界中具有压倒性的优势。

松柏植物的树皮中含有大量树脂，常从树皮裂缝中渗出滴落。

树脂渗出

松树皮

    远古时候的树脂在地层中保留下来形成的化石，我们称之为琥珀。如果里面刚巧裹住了昆虫或者植物的种子，就能成为古生物学家极佳的研究对象。

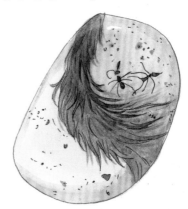

    古生物学家在琥珀中发现的最不可思议的封存物，大概是恐龙尾巴吧！

封存了一截恐龙尾巴的琥珀

南半球的针叶树

瓦勒迈杉属于南洋杉的一种，树干可高达25~40米。它棕色的树皮上密集地长着许多球状凸起，长条形的叶子螺旋形地排列在横向生长的枝上，圆球形的雌球花和梭子形的雄球花长在不同的横枝末端。借助风力传粉后，要经过一年半的时间，种子才会成熟。

瓦勒迈杉

树叶

树皮

雄球花

雌球花

种子

球果

贝壳杉

枝叶

贝壳杉是南洋杉家族中最古老的树种，它在侏罗纪时期分布很广，现在主要分布在新西兰的北岛地区，寿命可以长达2000多年，树干可以长到50米高，周长可以粗达16米。

北半球的针叶树

红杉

红杉是一种壮观的树木，能够长到百米以上高，在侏罗纪时期分布在北半球的广阔地区，历经了重重磨难，直到近代仍曾广布整个北美大陆。但现在红杉的生长地域已经缩小了很多，主要集中在红杉树国家公园。

谢尔曼将军树

红杉枝叶

红杉球果

巨杉

巨杉通常没有红杉高，但也十分大。世界现存最古老的巨杉是生长在红杉树国家公园的谢尔曼将军树，它高约 84 米，树龄大概 3500 年，有"世界树王"之称。

白垩纪时期的水杉品种繁多，曾经和红杉、巨杉一道广布于整个北半球。水杉生长迅速，高可达 35 米，喜欢阳光充足且潮湿的环境。

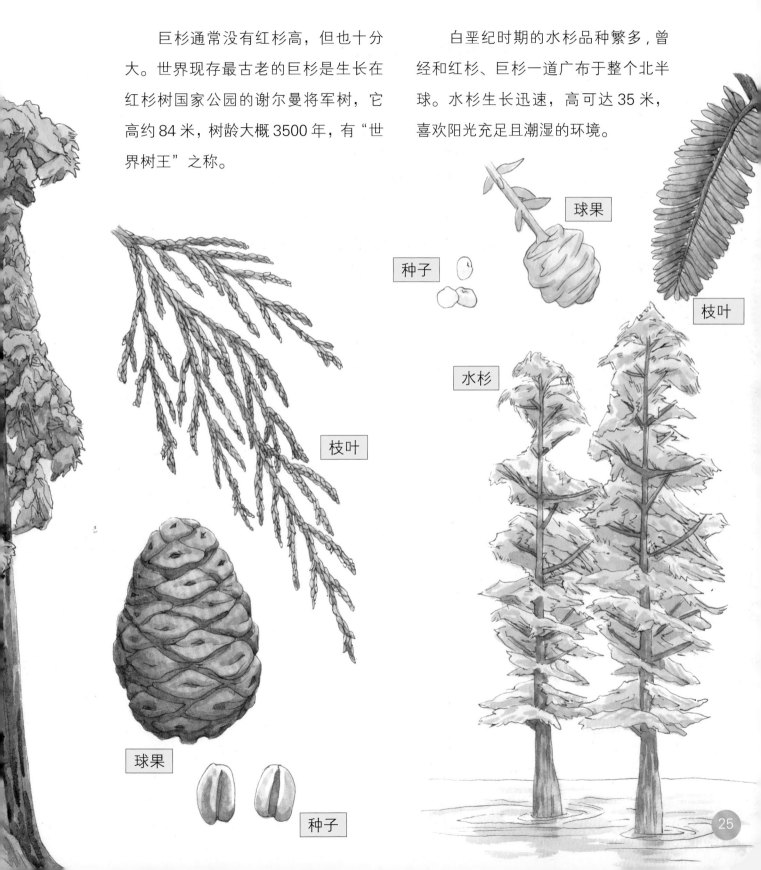

枝叶

球果

种子

球果

种子

枝叶

水杉

金钱松枝叶

冷杉枝叶和球果

金钱松球果

金钱松

　　金钱松的叶子在秋天会变为金黄色，好似铜钱，因此而得名。目前它只生长在中国长江中下游的极少数地区。

冷杉

在起源于白垩纪的针叶类植物中，冷杉是幸运的树种。白垩纪之后，在其他针叶树灭绝或衰退的新生代，它们的领地反而扩大。冷杉同时适应温暖和寒冷的气候。如今，冷杉分布于亚洲、欧洲、北美洲及非洲北部的高山地带。

红豆杉的枝叶和果

种子

红豆杉

现代的红豆杉不算很高大，通常长在森林的林冠下阳光不强的地方。其种子远看就像红豆，每颗种子外都托着一个亮眼的红色"杯子"。红豆杉生长十分缓慢，气候的变化很容易影响它种子的生成。种子皮厚，要经过漫长的时间才能发芽。种种因素让红豆杉的繁殖非常不易，树木日渐稀少。它的同族还有约 11 种，分布在北半球的几个国家。

27

银杏

　　侏罗纪时期，银杏最为繁盛，叶子的形状也更为多样，有的细如丝线，有的则接近现代银杏的样子。始祖鸟和最早的哺乳动物们都曾在它们的枝叶中停歇。能够拟态的昆虫也随之诞生了，比如生活在 1.65 亿年前的银杏侏罗蝎蛉，它的翅膀模仿了一种银杏的叶子。这种昆虫和银杏之间，在长达 1 亿年的时间里一直存在着共生关系。

不知道应该归为哪类的植物——茨康

茨康又被称为线银杏，生存于晚三叠纪至白垩纪。因为它的叶子和某些古老的银杏叶子相似，所以曾经有人把它们分为一类，它的"蓢果"更像是极其原始的被子植物。茨康类的叶片是细线形，也像银杏叶一样有分叉，但没有叶柄。它的树干化石还未被发现过，就像许许多多其他的古植物一样，我们还无法得知它的全貌。

茨康类叶化石

茨康叶

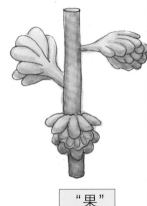

"果"

苏铁

苏铁类植物是地球上现存最古老的裸子植物，侏罗纪至白垩纪时期传播情况达到巅峰，遍及全球，成为恐龙的主要食物。白垩纪结束时，北半球大多数的苏铁类物种就灭绝了。

拟苏铁

拟苏铁是一种矮小的本内苏铁，粗短的树干呈块状或柱状，表面布满叶子脱落后留下的叶基。一丛羽毛形状的叶长在树干顶端。树干上长出很多雌雄同体的"大花朵"。曾经有科学家认为被子植物的花就是由拟苏铁演化来的。

纤苏铁

纤苏铁是一种已经灭绝的泽米苏铁，是白垩纪最常见的苏铁之一，酷似棕榈或树蕨，树干纤细，这也是它名字的由来。

苏铁开"花"后散发出一种奇特的"臭气"，这种臭气会引来蕈甲科的小甲虫。它们以苏铁的花粉为食，顺带成了帮助苏铁传粉的使者，将雄球花上的花粉带到雌球花上，让苏铁得以结出种子。而其他的裸子植物，比如松柏类和银杏，则是依靠风力来传粉的。

古生物学家在白垩纪的琥珀中发现了一种特殊的澳洲蕈甲。科研人员将其命名为喜苏铁白垩似扁甲。与此同时，在这枚琥珀标本中，还发现了许多聚集成簇的苏铁花粉。这证明了甲虫与苏铁的关系至少是从侏罗纪早期开始的，并且延续至今。

拟查米亚

拟查米亚是小型树状植物，曾经分布在北美、欧洲等地。目前已出土的几乎都是树叶化石，古生物学家暂时还没研究清楚它们到底应该分到哪一类。

南洋杉

红杉

巨杉

树蕨

腕龙

银杏

苏铁

甲龙

梁龙

三角龙

32

恐龙大灭绝前都吃些什么？

发生于 6600 万年前的地球第四次生物大灭绝事件，造成了大部分动物与植物消失。恐龙类及大量无脊椎动物灭亡，哺乳动物与恐龙的直系后代鸟类存活下来，成为新生代的优势动物。灭绝前的恐龙都吃些什么呢？原来，不管是皮革一般的苏铁叶子，还是硬邦邦的松树球果，都会被草食类恐龙嚼一嚼吞进肚子里。裸子植物的叶子营养有限，更加营养美味的开花植物出现后，就逐渐取代了裸子植物，成为草食恐龙食物的重要部分。

恐龙大家族

1. 梁龙的脖子不能抬得很高，只能吃低矮或中等高度的植物。
2. 腕龙是地球上出现的最大、最重的恐龙之一，它有巨大的前肢和长颈鹿一样的长颈，它能高高地抬起头，吃到针叶树高处的树叶。
3. 甲龙身材粗矮，身上覆盖着厚鳞片，背上有两排刺，脖子短，吃各种低矮的植物。
4. 禽龙身材中等，素食，舌长，利牙锯齿状，用以撕扯和切碎树叶。尾巴粗重，起平衡作用。
5. 鸭嘴龙和三角龙无法吃到太高处的树叶。它们是喜欢食用有花植物的恐龙。

种子蕨　　鸭嘴龙　　银杏　　禽龙

迈入新生代

我知道，一颗小行星的碎片击中了地球，于是恐龙灭绝了。

地球历史上的灭绝事件层出不穷，为白垩纪画上句号的那场大灭绝一定是其中最有名的。约 6500 万年前，地球进入新生代，地球上的各个大陆逐渐移动到今天的位置上，鸟类和被子植物也有很大的发展，被子植物迅速成为优势种类。

北半球

南半球

裸子植物历经一次次环境变迁，留存下的种类越来越少。例如苏铁、银杏等植物逐渐衰退。即便如此，裸子植物中依然诞生了新的种类并且延续至今。

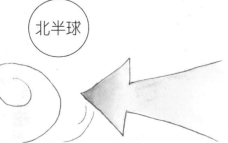

北半球

南半球

山毛榉

落羽杉

银杏

水松

红杉

水杉

柳

鹅耳枥

苏铁

木兰

槭树

35

新生代诞生了一些新的裸子植物，其中不乏我们极为熟悉的种类。

黄杉枝上的球果

银杉枝上的球果

银杉

银杉目前只分布在我国少数地区，是和水杉齐名的珍稀植物。它的外表既有杉树的特征，也有松树的特征，名字则来自于叶子背面的银色线。

黄杉

现代的黄杉分布在我国云南、四川等地。它们具有喜光、耐干旱、抗风力强、病虫害少等特点。

　　买麻藤主要分布在热带和亚热带森林中，是一类木质的攀缘植物，常缠绕于树上。由于形态特征独特，它们难以被分类，这成了困扰古生物学家的难题。它们的身上，也许还隐藏着破解种子植物演化之谜的关键。

雪松枝上的球果

雪松

　　雪松也称香柏、喜马拉雅杉，高达50米，幼叶为白色，远望好像树枝上覆盖的白雪，所以得名雪松。

你可能不知道的真相

Q1 裸子植物比起藻类和蕨类，有什么生存优势？

裸子植物是用种子进行繁殖的植物，在此之前出现的藻类和蕨类则都是以孢子繁衍的。相较于孢子，种子能保持更长时间的生命活性，更容易抵御不良环境的影响，在几年之后也能发芽。此外，裸子植物都是多年生木本植物，维管系统发达，生命力更强，能在比较干旱、寒冷的环境中生存下来。

Q2 现代的裸子植物在全世界分布得多吗？

目前全世界生存的裸子植物约有850种，其种数虽仅为被子植物种数的0.36%，但却分布于世界各地。根据1963年世界森林资源清查的资料，仅由松杉类植物所组成的针叶林就占世界森林面积的31%。

Q3 中国有哪些珍稀裸子植物？

在裸子植物家族中，我国最珍稀的品种是百山祖冷杉，现在野外发现仅存的8棵，都在中国。另外，银杉、野生崖柏等植物也是中国特有的珍稀裸子植物。

Q4 裸子植物都靠风传粉？

裸子植物基本都是靠风授粉。每到春季，它们的花朵就会产生巨量轻而小的花粉，随风飘散。为了让花粉飞得更远，松树的每粒花粉还会生有两个薄薄的、大大的气囊，帮助花粉乘风远行。但是，裸子植物也不排斥虫子——如果昆虫缺乏食物，也可能爬到裸子植物的花上，以花粉为食，顺便为其传播花粉。

Q5 银杏的果子竟然有"果皮"，它还是裸子植物吗？

所谓"裸子"，就是种子外没有果皮。但吃过银杏白果的人都知道，银杏种子外面有一层软软的皮，那难道不是果皮吗？其实，那是变态的外种皮，并不是真果皮。

Q6 松树是一种会毒害其他植物的树？

在我们看不见的地方，植物也为争夺生存空间战斗着。比如，松树会分泌一类化学物质，毒害周围的其他植物，抑制包括自身幼苗的其他幼苗生长。而杨树不太受这些化合物的影响，所以松树和杨树可以在自然界形成交互林。

图书在版编目（CIP）数据

裸子植物的崛起/ 匡廷云, 郭红卫编；吕忠平,谢
清霞绘. -- 长春：吉林出版集团股份有限公司,
2023.11（2024.6重印）
（植物进化史）
ISBN 978-7-5731-4503-1

Ⅰ . ①裸…Ⅱ . ①匡… ②郭…③吕…④谢…Ⅲ.
①裸子植物亚门—儿童读物 ① Q949.6-49

中国国家版本馆CIP数据核字(2023) 第218123号

植物进化史

LUOZI ZHIWU DE JUEQI

裸子植物的崛起

编　　者：匡廷云　郭红卫

绘　　者：吕忠平　谢清霞

出品人：于　强

出版策划：崔文辉

责任编辑：徐巧智

出　　版：吉林出版集团股份有限公司（www.jlpg.cn）
　　　　　　（长春市福祉大路5788号，邮政编码：130118）

发　　行：吉林出版集团译文图书经营有限公司
　　　　　　（http://shop34896900.taobao.com）

电　　话：总编办 0431-81629909　　营销部 0431-81629880 / 81629900

印　　刷：三河市嵩川印刷有限公司

开　　本：889mm×1194mm　1/12

印　　张：8

字　　数：100千字

版　　次：2023年11月第1版

印　　次：2024年6月第2次印刷

书　　号：ISBN 978-7-5731-4503-1

定　　价：49.80元

印装错误请与承印厂联系　　电话：13932608211

植物进化史

专家介绍

匡廷云
中国科学院院士 / 中国植物学会理事长

　　中国科学院院士、欧亚科学院院士；长期从事光合作用方面的研究，曾获得中国国家自然科学奖二等奖、中国科学院科技进步奖、亚洲—大洋洲光生物学学会"杰出贡献奖"等多项奖励，被评为国家级有突出贡献的中青年专家、中国科学院优秀研究生导师。

郭红卫
长江学者 / 中国植物学会理事

　　国际著名的植物分子生物学专家，长期从事植物分子生物及遗传学方面的研究，尤其在植物激素生物学领域取得突破性成果。2005—2015 年任北京大学生命科学学院教授；2016 年起任南方科技大学生物系讲席教授、食品营养与安全研究所所长。教育部"长江学者"特聘教授，国家杰出青年科学基金获得者，曾获中国青年科技奖、谈家桢生命科学创新奖等重要奖项。